# IMPARARE A SCRIVERE I NUMERI
# CON GLI UNICORNI

## PER BAMBINI IN ETÀ PRESCOLARE

**3-5 ANNI**

## IMPARA A TRACCIARE
## I NUMERI ED A CONTARE

**SEAN WOO**

# INVIA UN'EMAIL A
## journal@books13.com
# PER RICEVERE UN REGALO

****************************

Come oggetto dell'email inserisci il titolo del libro acquistato

E ti invieremo una sorpresa!

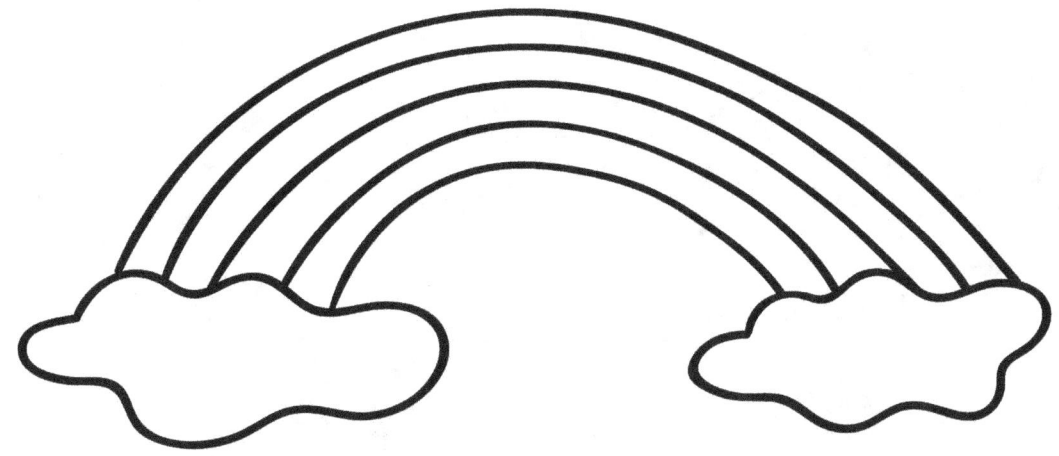

# QUESTO LIBRO APPARTIENE A:

_____

# TRACCIA I NUMERI

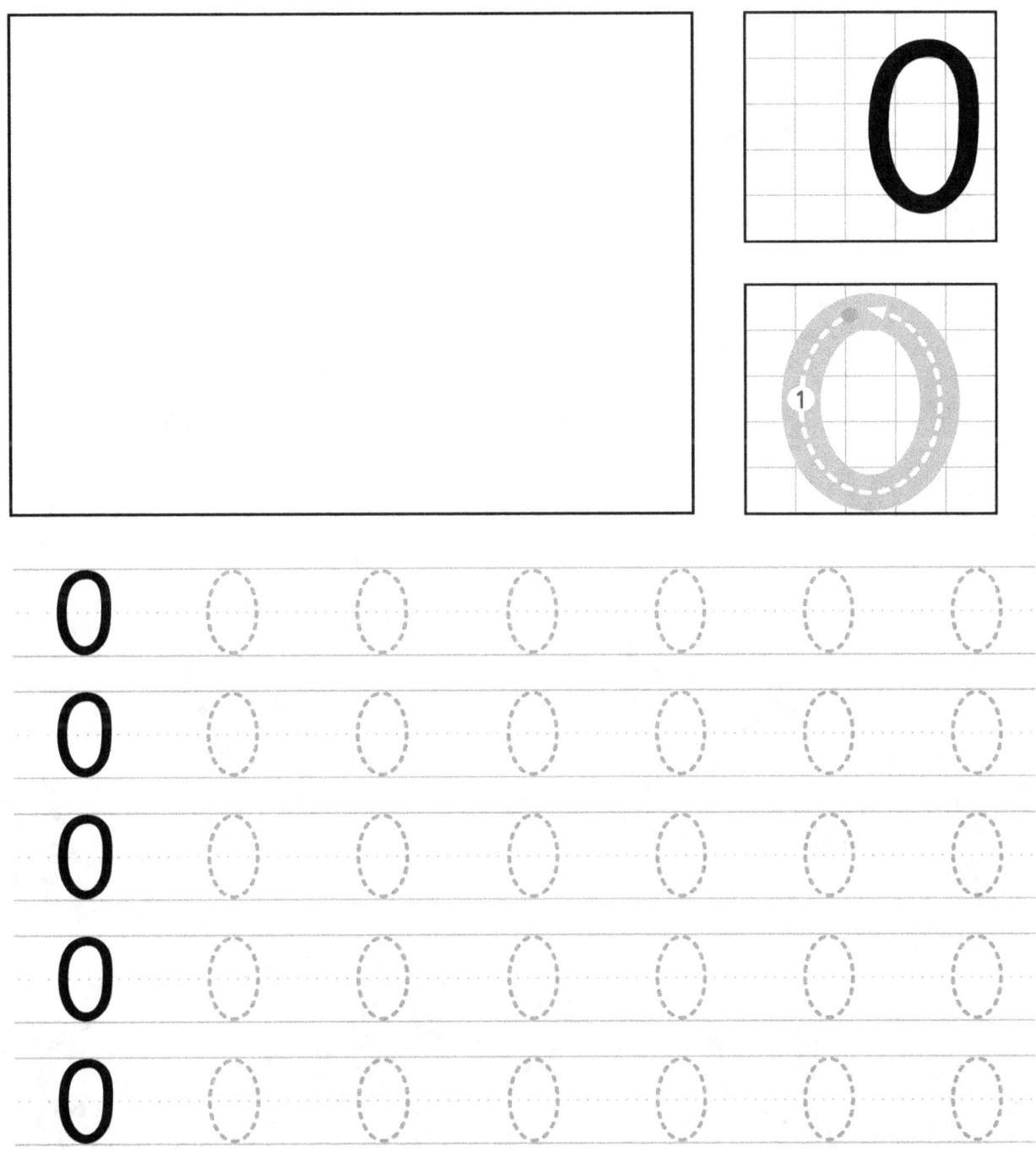

# TRACCIA I NUMERI

| 1 | 1 | 1 | 1 | 1 | 1 | 1 | 1 | 1 |
|---|---|---|---|---|---|---|---|---|
| 1 | 1 | 1 | 1 | 1 | 1 | 1 | 1 | 1 |
| 1 | 1 | 1 | 1 | 1 | 1 | 1 | 1 | 1 |
| 1 | 1 | 1 | 1 | 1 | 1 | 1 | 1 | 1 |
| 1 | 1 | 1 | 1 | 1 | 1 | 1 | 1 | 1 |
| 1 | 1 | 1 | 1 | 1 | 1 | 1 | 1 | 1 |
| 1 | 1 | 1 | 1 | 1 | 1 | 1 | 1 | 1 |
| 1 | 1 | 1 | 1 | 1 | 1 | 1 | 1 | 1 |
| 1 | 1 | 1 | 1 | 1 | 1 | 1 | 1 | 1 |
| 1 | 1 | 1 | 1 | 1 | 1 | 1 | 1 | 1 |

# 1

| 1 | 1 | 1 | 1 | 1 | 1 | 1 | 1 | 1 |
|---|---|---|---|---|---|---|---|---|
| 1 | 1 | 1 | 1 | 1 | 1 | 1 | 1 | 1 |
| 1 | 1 | 1 | 1 | 1 | 1 | 1 | 1 | 1 |
| 1 | 1 | 1 | 1 | 1 | 1 | 1 | 1 | 1 |
| 1 | 1 | 1 | 1 | 1 | 1 | 1 | 1 | 1 |
| 1 | 1 | 1 | 1 | 1 | 1 | 1 | 1 | 1 |
| 1 | 1 | 1 | 1 | 1 | 1 | 1 | 1 | 1 |
| 1 | 1 | 1 | 1 | 1 | 1 | 1 | 1 | 1 |
| 1 | 1 | 1 | 1 | 1 | 1 | 1 | 1 | 1 |
| 1 | 1 | 1 | 1 | 1 | 1 | 1 | 1 | 1 |

# TRACCIA I NUMERI

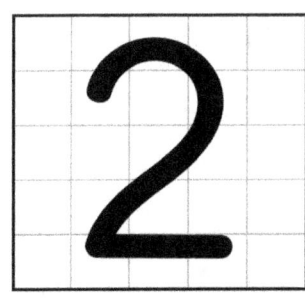
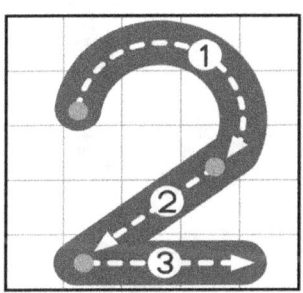

2 2 2 2 2 2 2 2
2 2 2 2 2 2 2 2
2 2 2 2 2 2 2 2
2 2 2 2 2 2 2 2
2 2 2 2 2 2 2 2

| 2 | 2 2 2 2 2 2 2 2 |
|---|---|
| 2 | 2 2 2 2 2 2 2 2 |
| 2 | 2 2 2 2 2 2 2 2 |
| 2 | 2 2 2 2 2 2 2 2 |
| 2 | 2 2 2 2 2 2 2 2 |
| 2 | 2 2 2 2 2 2 2 2 |
| 2 | 2 2 2 2 2 2 2 2 |
| 2 | 2 2 2 2 2 2 2 2 |
| 2 | 2 2 2 2 2 2 2 2 |
| 2 | 2 2 2 2 2 2 2 2 |

**2** 2 2 2 2 2 2 2

**2** 2 2 2 2 2 2 2

**2** 2 2 2 2 2 2 2

**2** 2 2 2 2 2 2 2

**2** 2 2 2 2 2 2 2

**2** 2 2 2 2 2 2 2

**2** 2 2 2 2 2 2 2

**2** 2 2 2 2 2 2 2

**2** 2 2 2 2 2 2 2

**2** 2 2 2 2 2 2 2

# TRACCIA I NUMERI

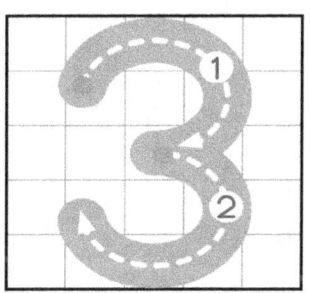
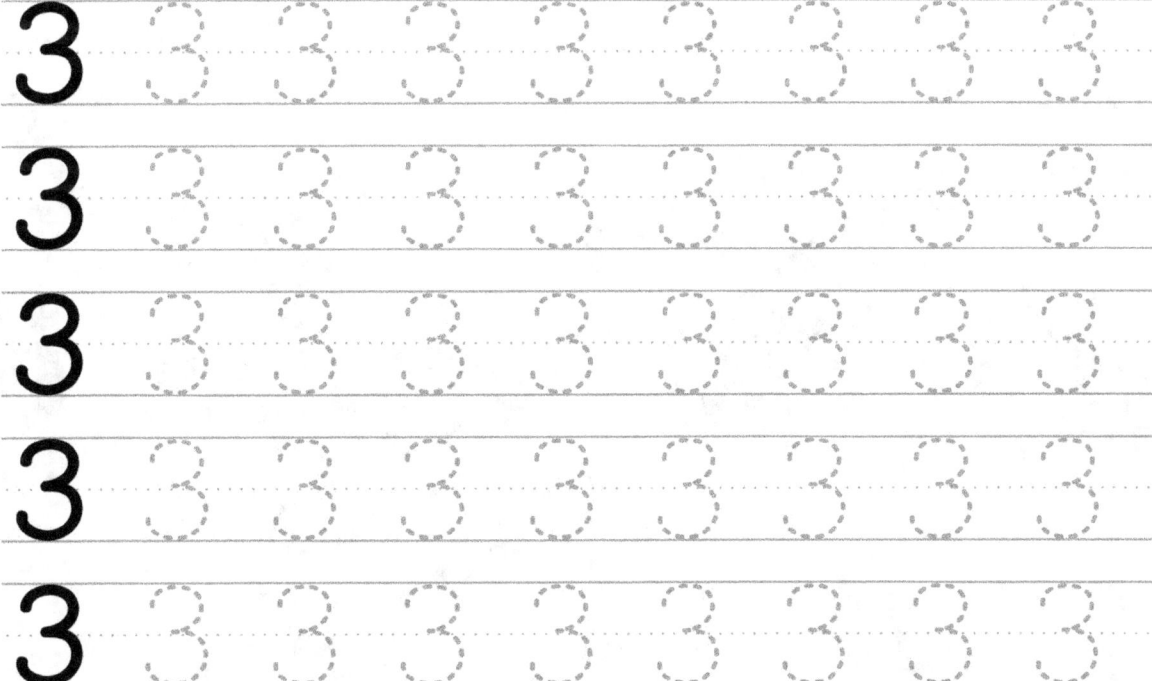

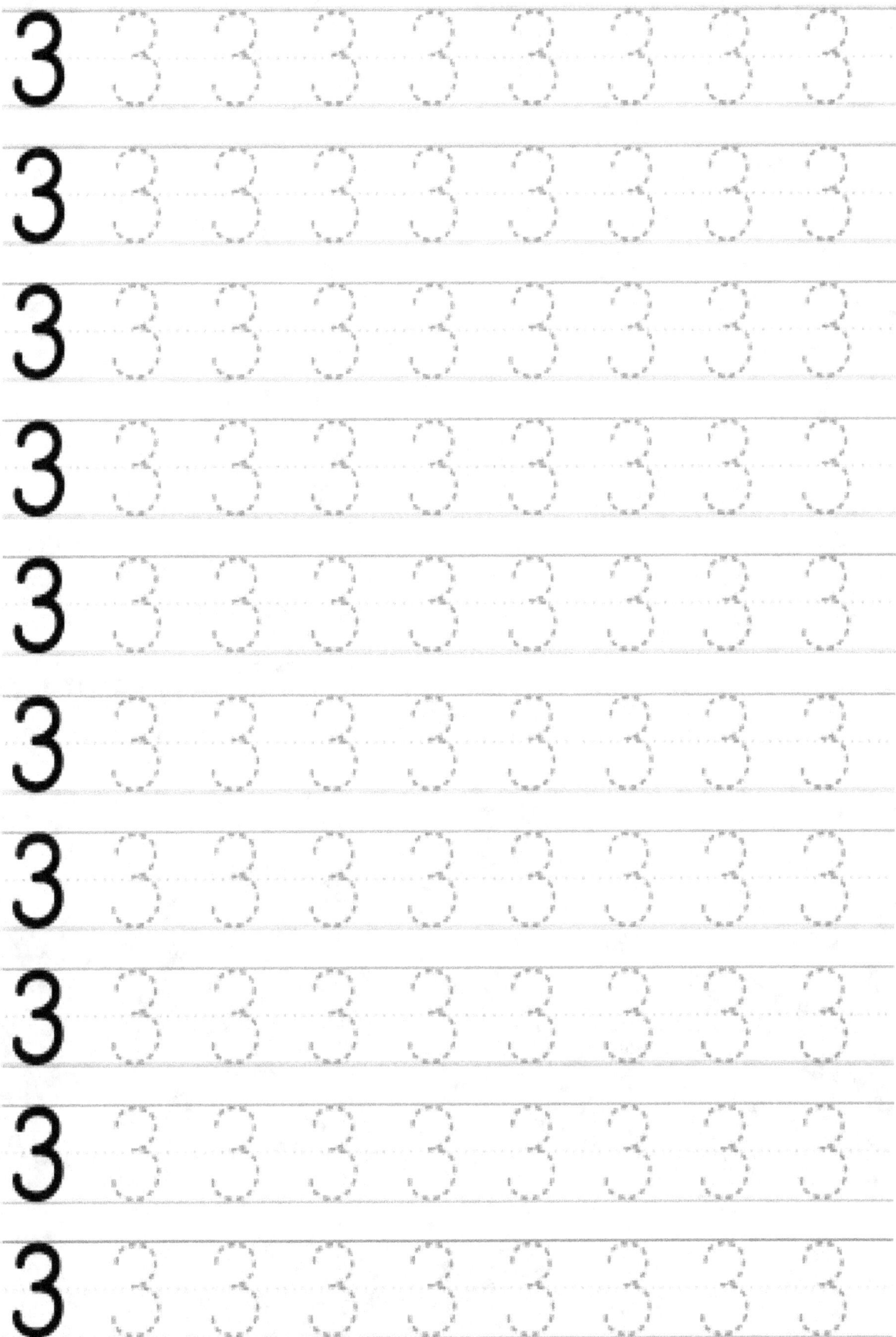

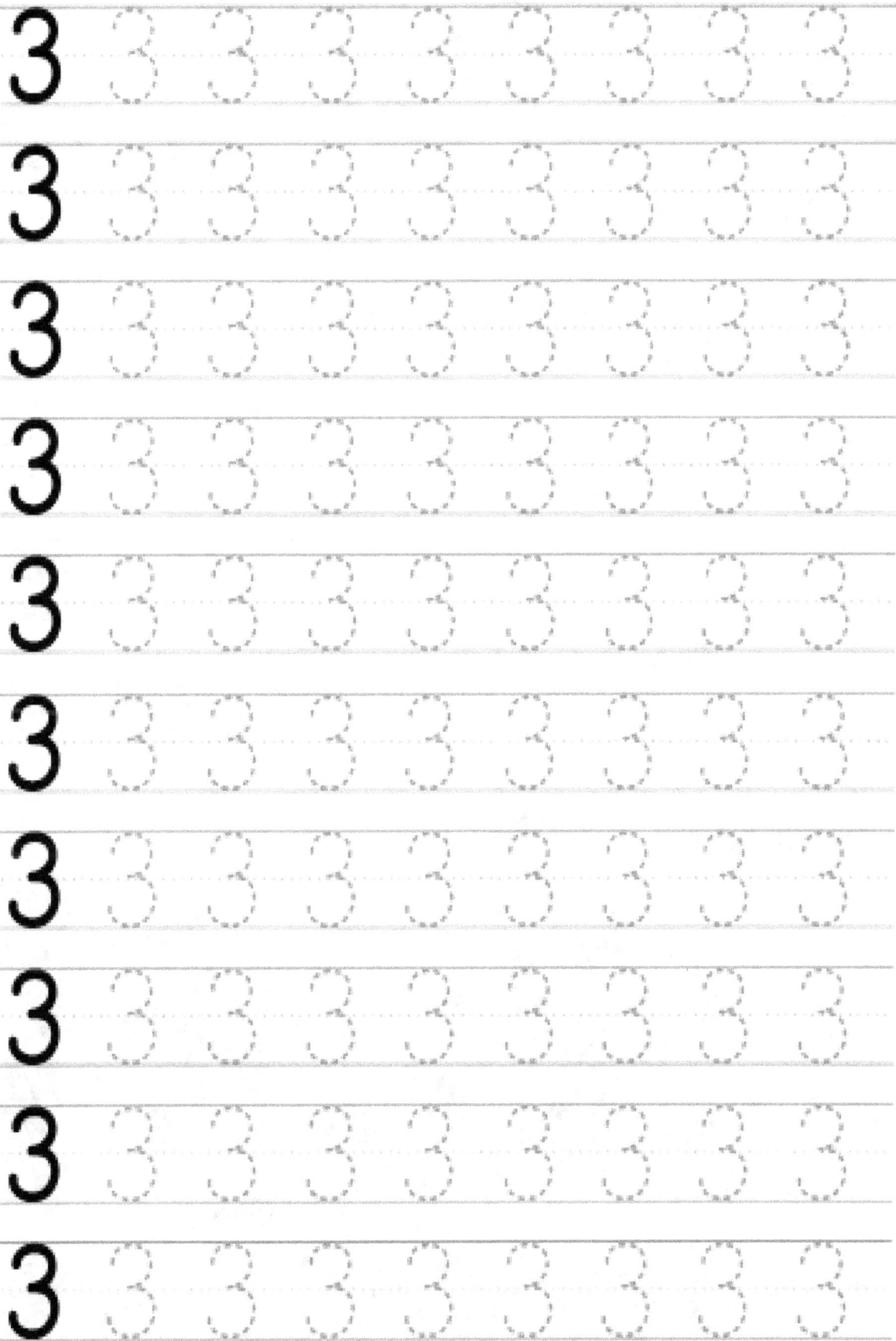

# TRACCIA I NUMERI

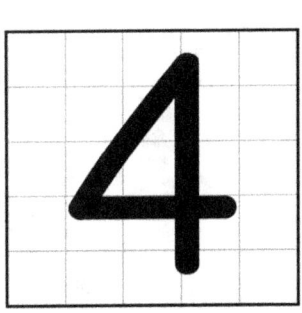
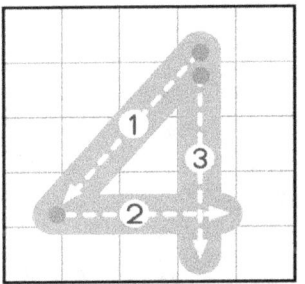
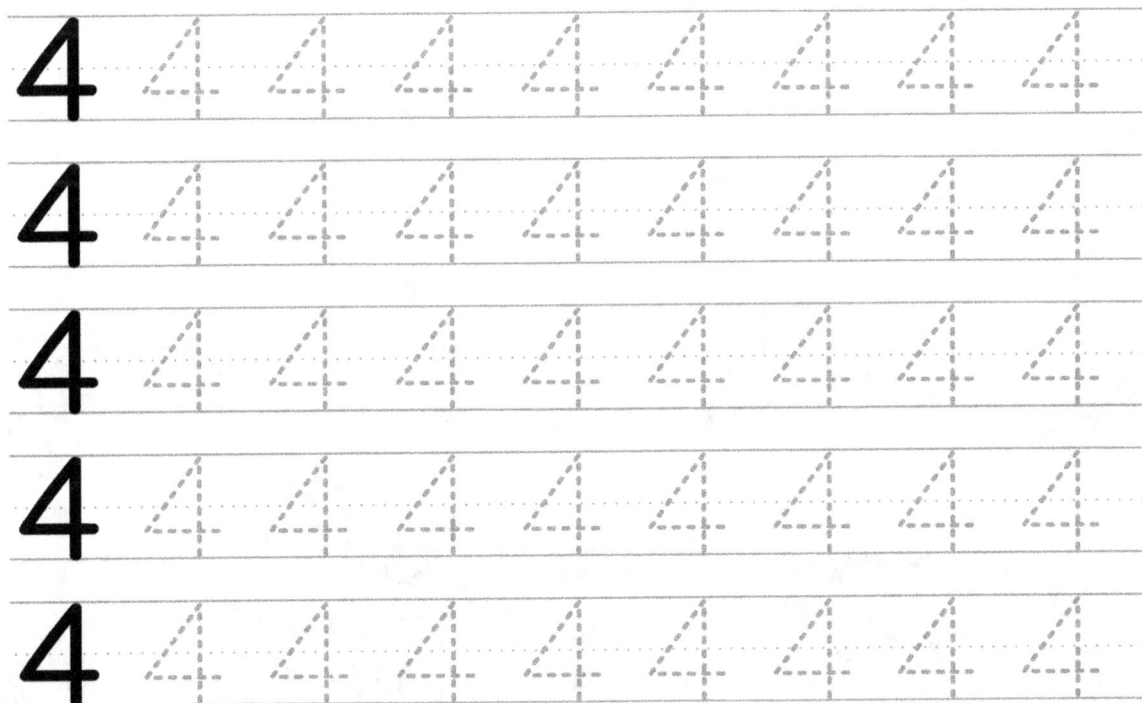

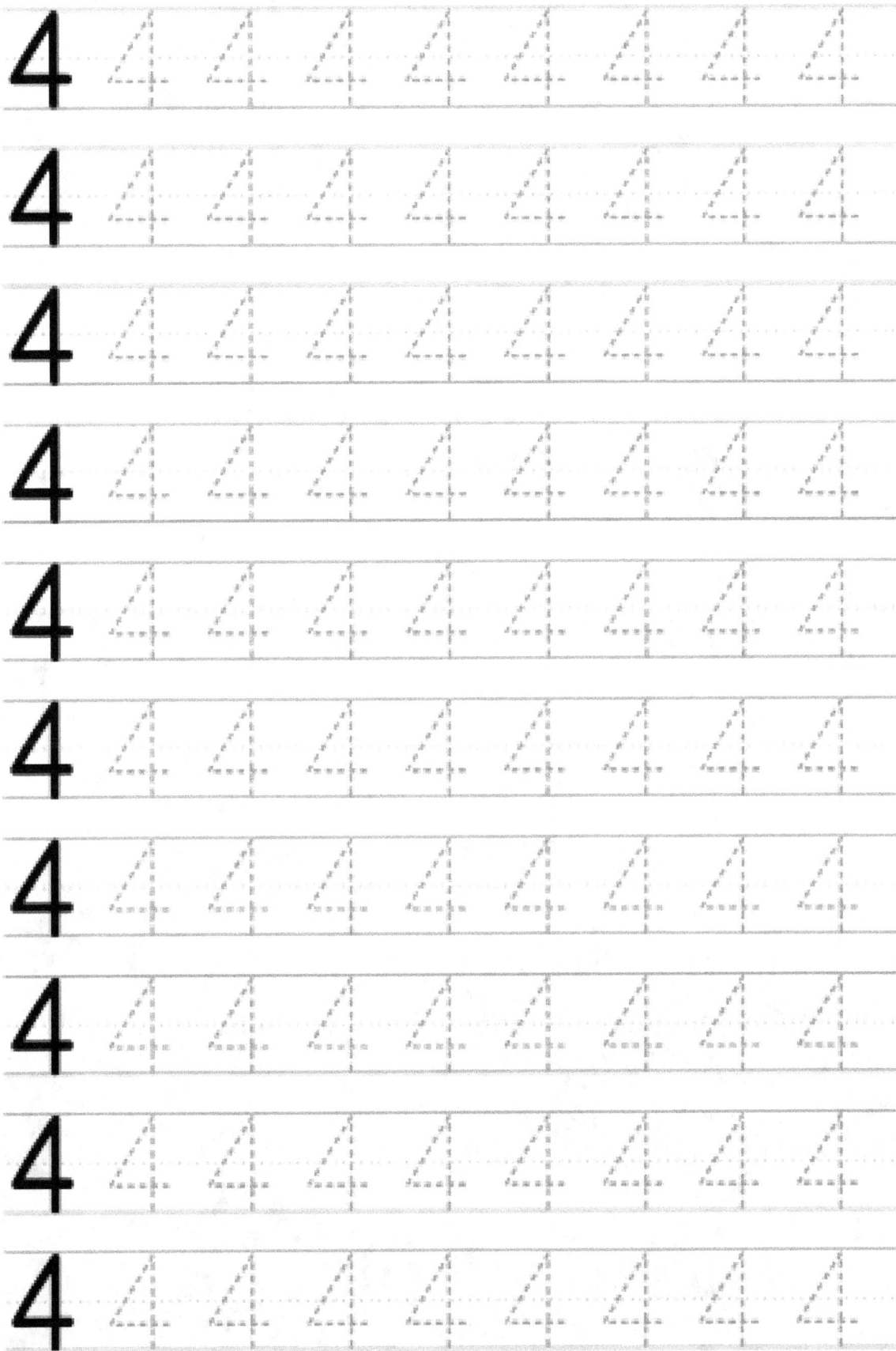

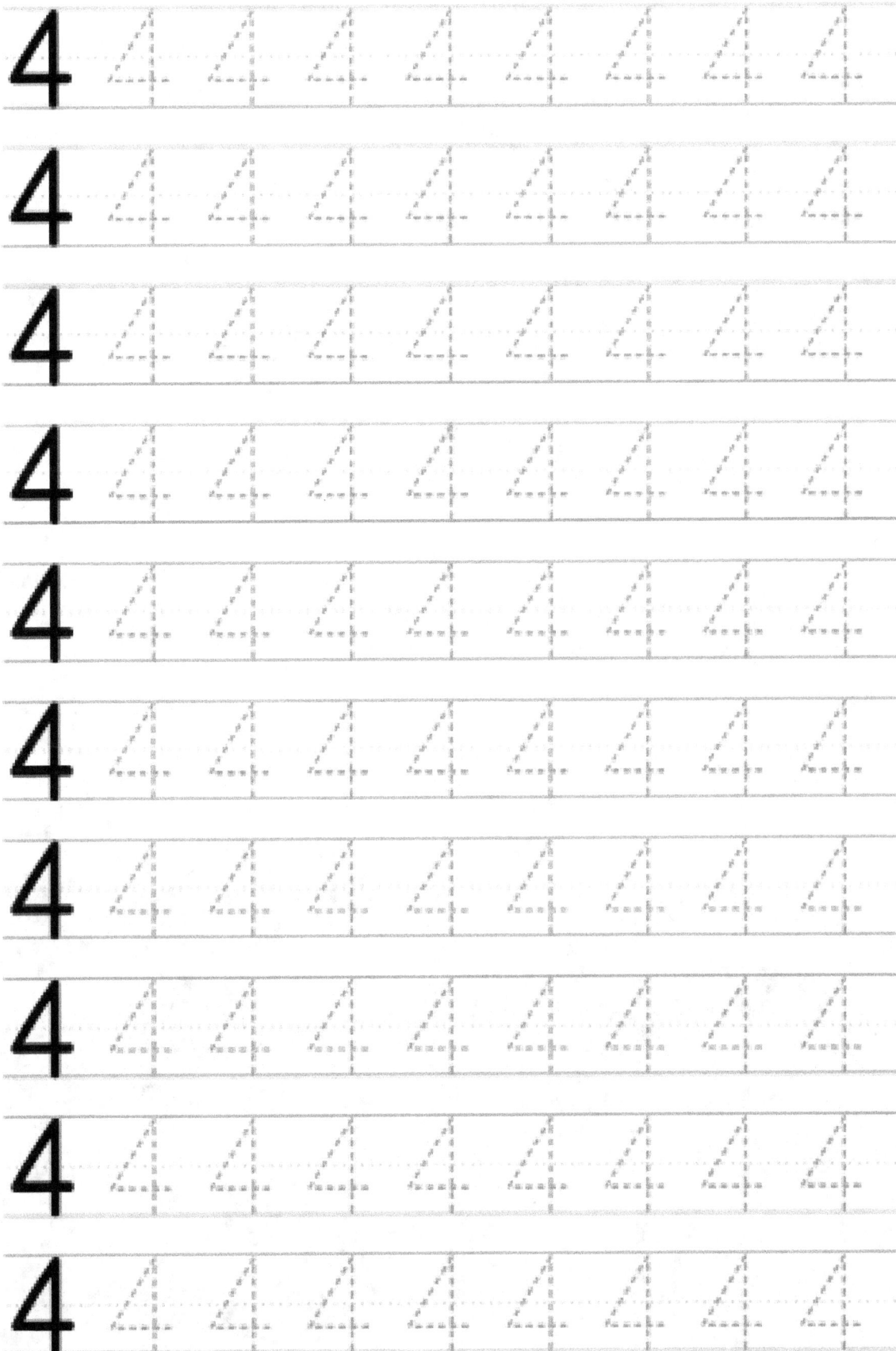

# TRACCIA I NUMERI

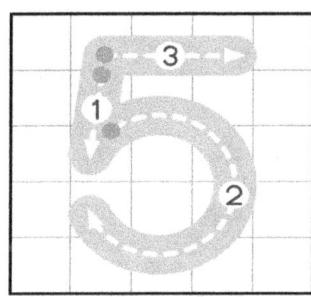

5 5 5 5 5 5 5 5
5 5 5 5 5 5 5 5
5 5 5 5 5 5 5 5
5 5 5 5 5 5 5 5
5 5 5 5 5 5 5 5

5 5 5 5 5 5 5 5
5 5 5 5 5 5 5 5
5 5 5 5 5 5 5 5
5 5 5 5 5 5 5 5
5 5 5 5 5 5 5 5
5 5 5 5 5 5 5 5
5 5 5 5 5 5 5 5
5 5 5 5 5 5 5 5
5 5 5 5 5 5 5 5
5 5 5 5 5 5 5 5

| 5 | 5 | 5 | 5 | 5 | 5 | 5 | 5 |
|---|---|---|---|---|---|---|---|
| 5 | 5 | 5 | 5 | 5 | 5 | 5 | 5 |
| 5 | 5 | 5 | 5 | 5 | 5 | 5 | 5 |
| 5 | 5 | 5 | 5 | 5 | 5 | 5 | 5 |
| 5 | 5 | 5 | 5 | 5 | 5 | 5 | 5 |
| 5 | 5 | 5 | 5 | 5 | 5 | 5 | 5 |
| 5 | 5 | 5 | 5 | 5 | 5 | 5 | 5 |
| 5 | 5 | 5 | 5 | 5 | 5 | 5 | 5 |
| 5 | 5 | 5 | 5 | 5 | 5 | 5 | 5 |
| 5 | 5 | 5 | 5 | 5 | 5 | 5 | 5 |

# TRACCIA I NUMERI

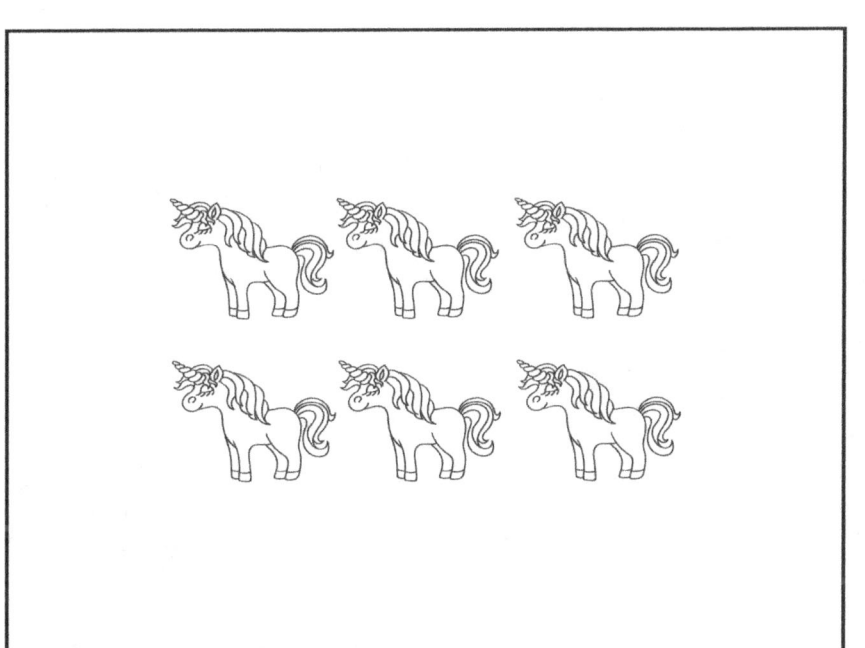
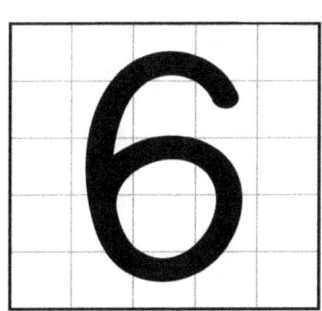
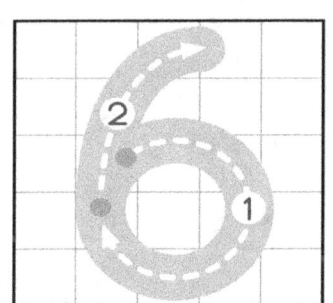

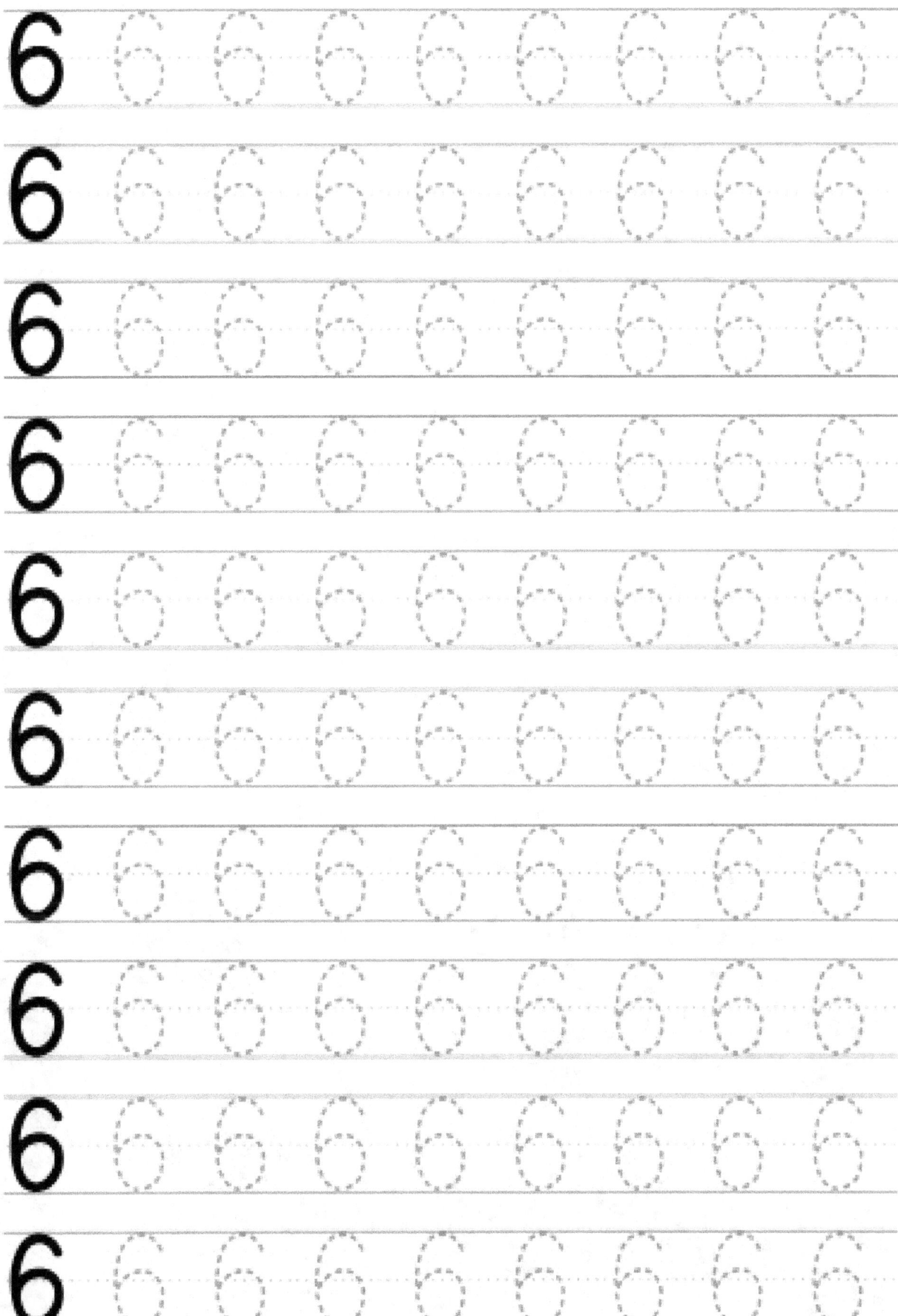

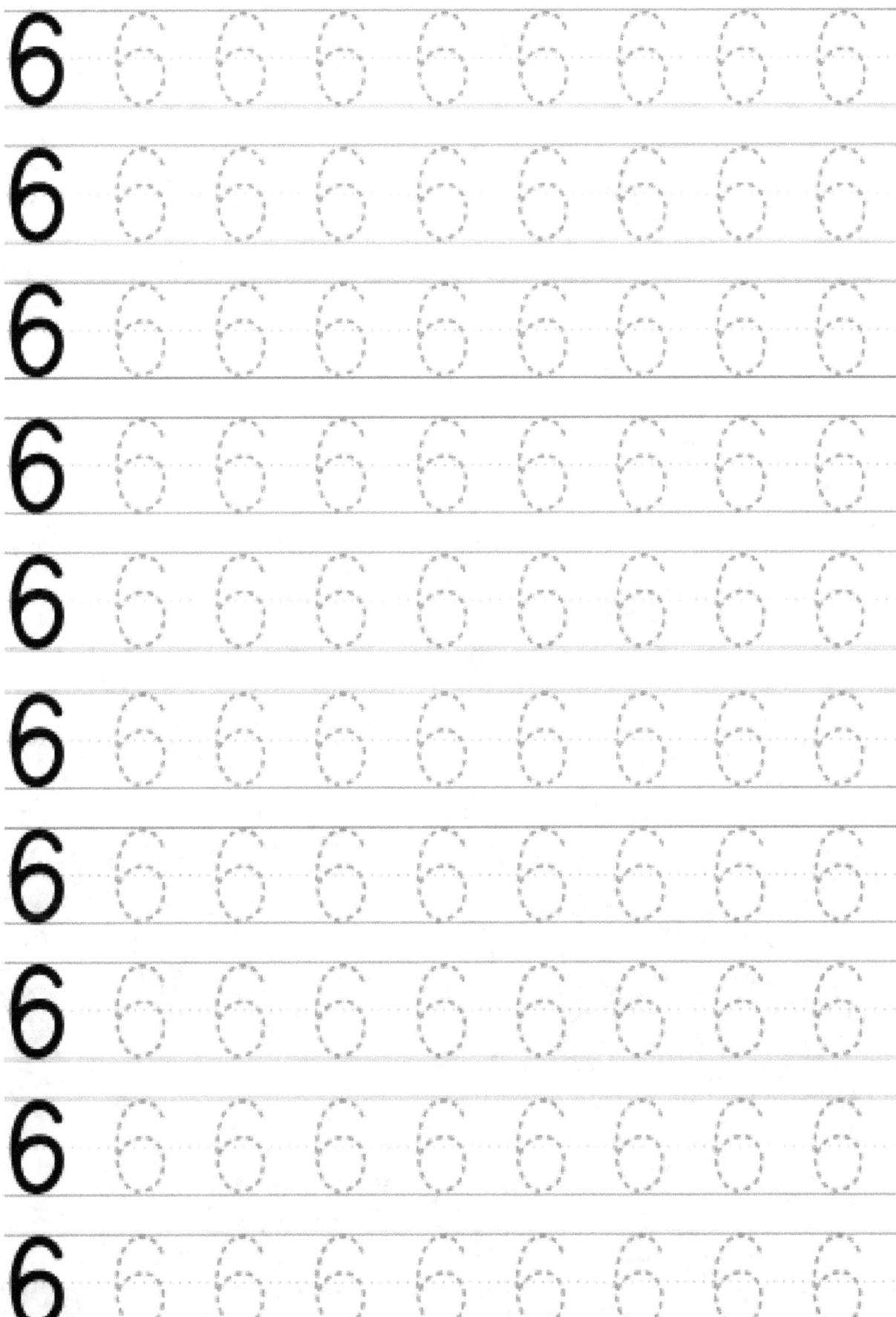

# TRACCIA I NUMERI

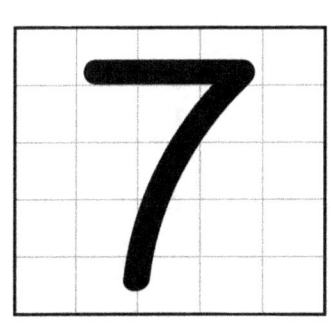
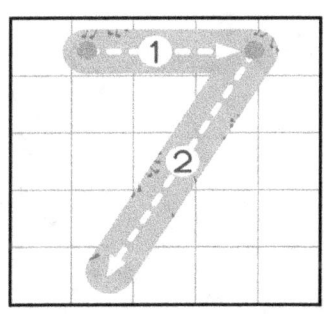
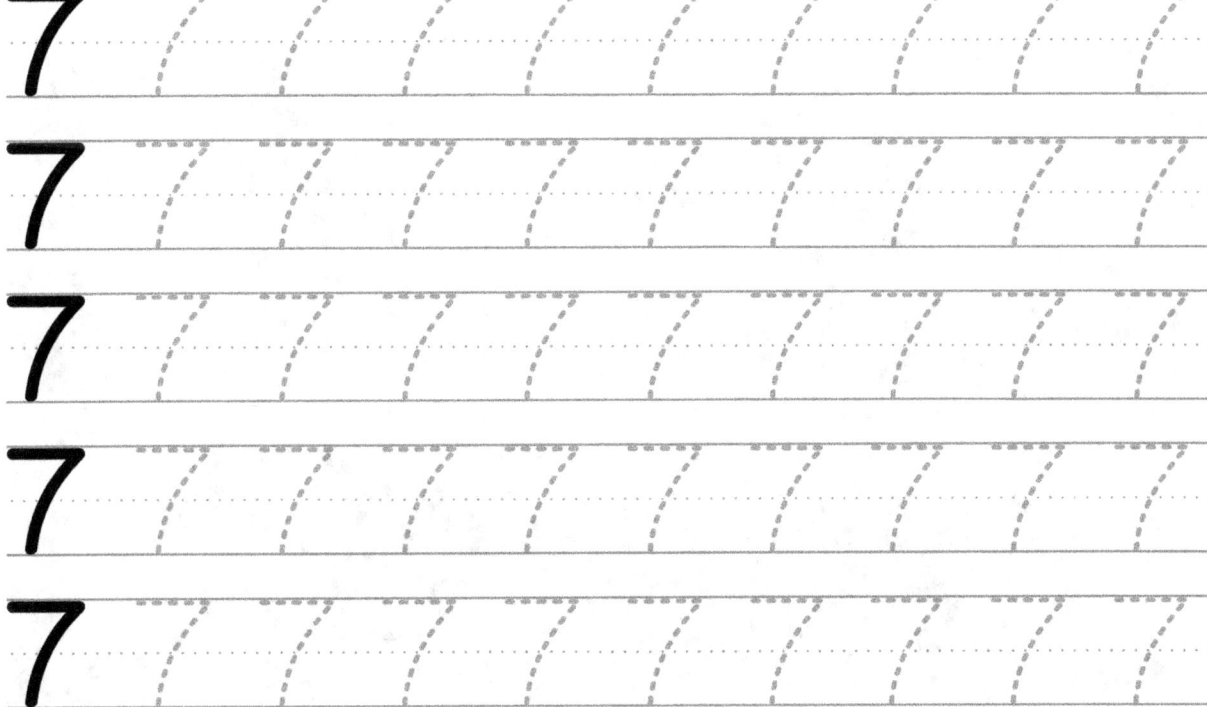

7
7
7
7
7
7
7
7
7
7

7
7
7
7
7
7
7
7
7
7

# TRACCIA I NUMERI

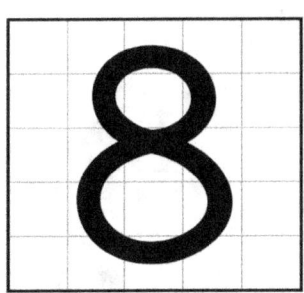
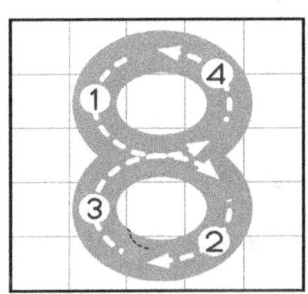
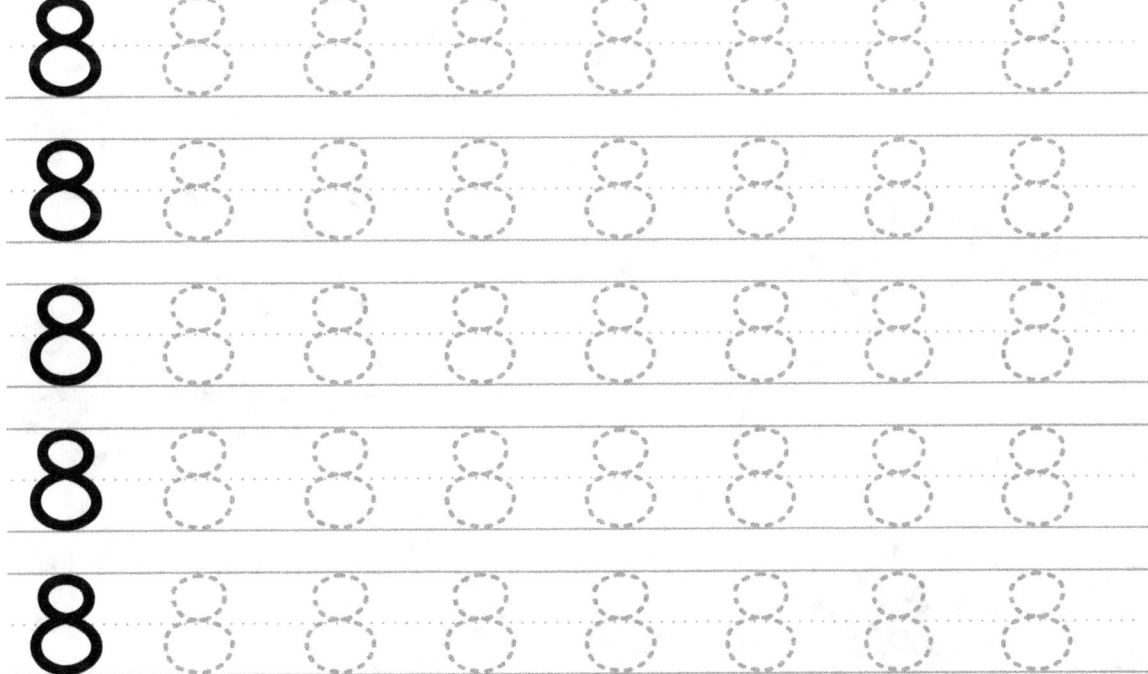

# TRACCIA I NUMERI

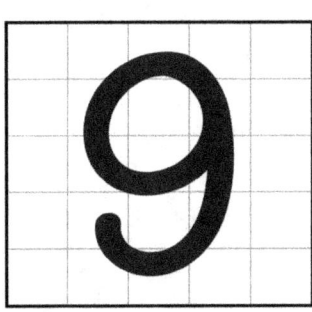
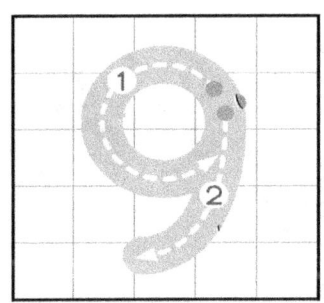

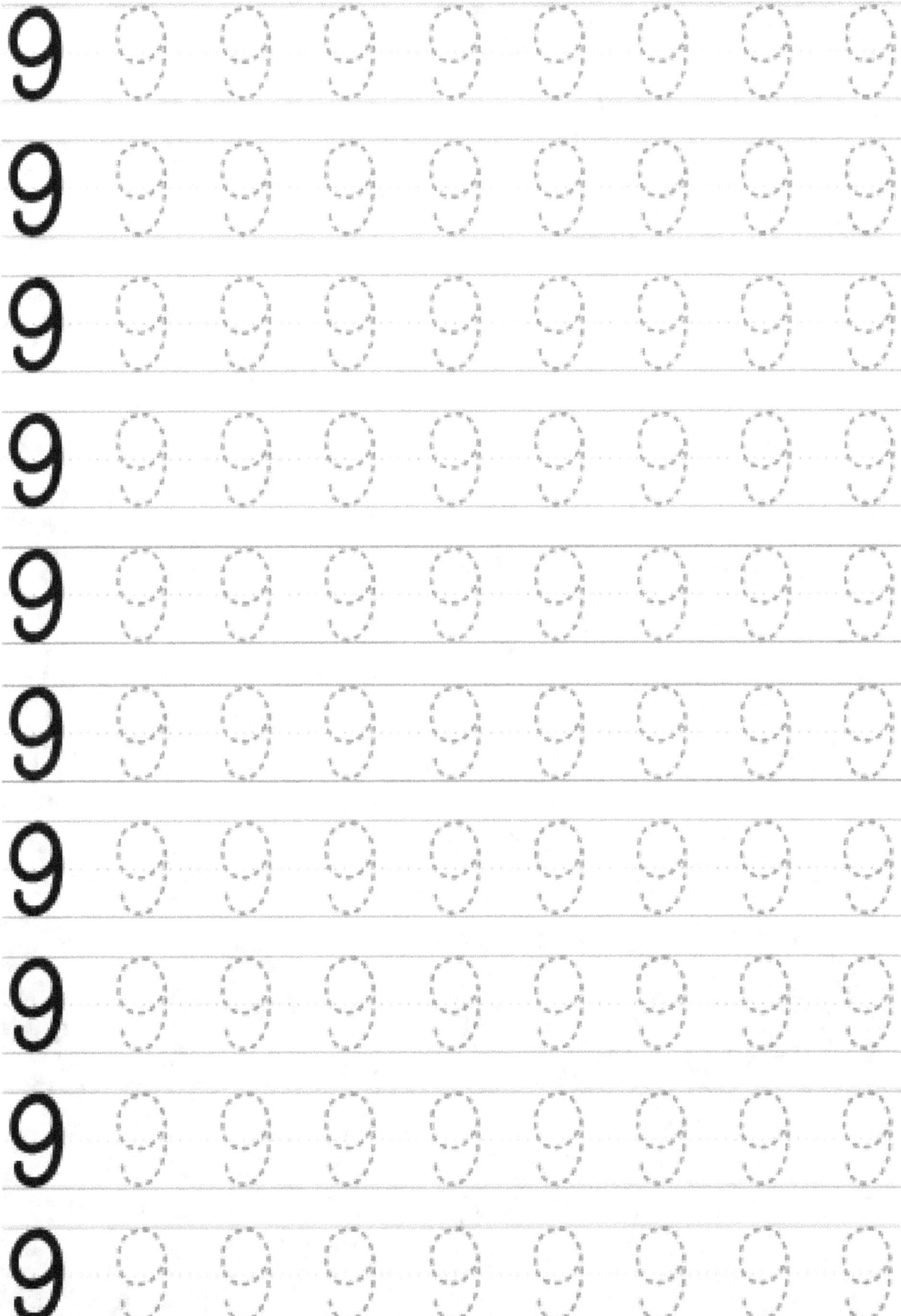

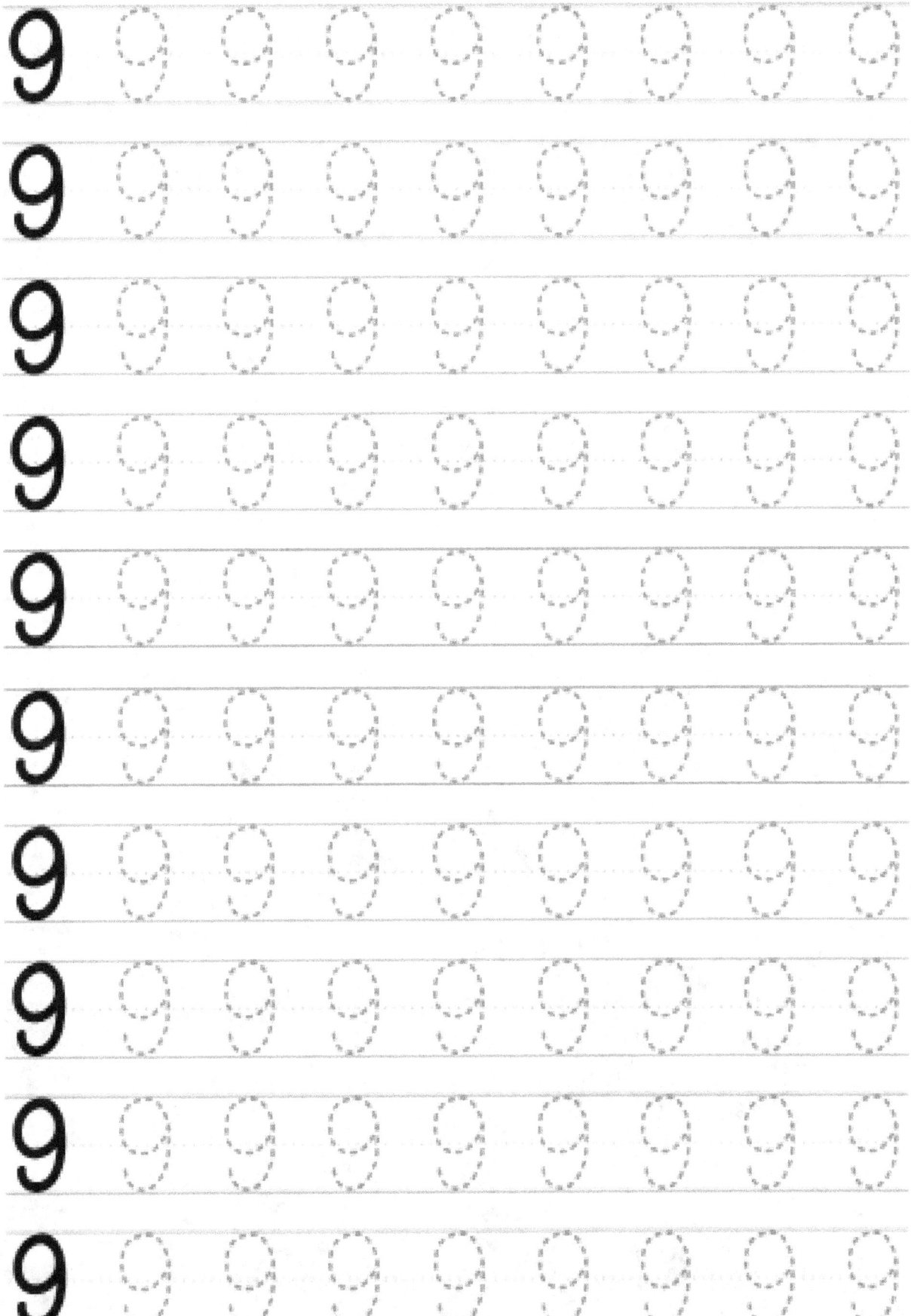

# TRACCIA I NUMERI

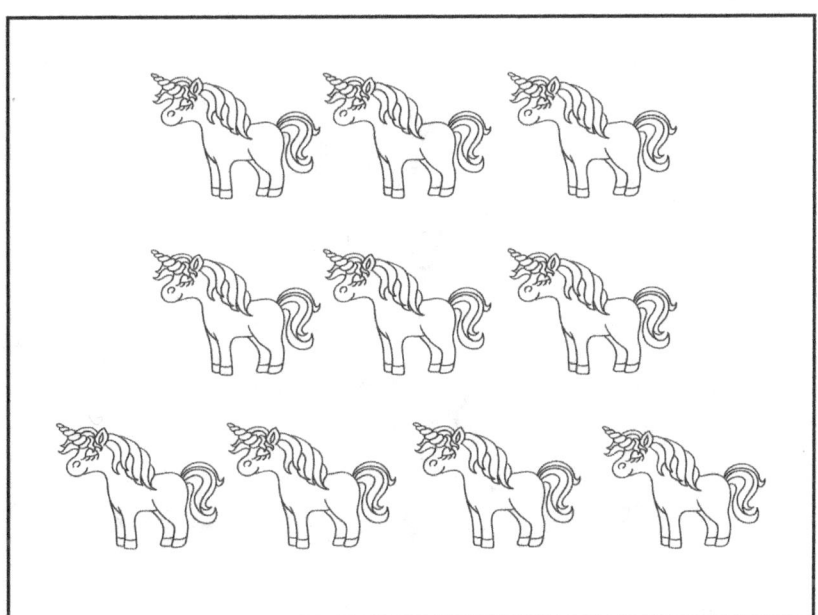
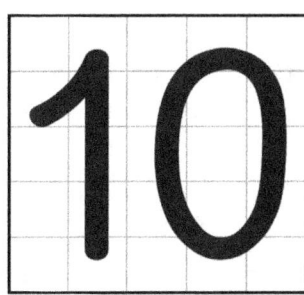
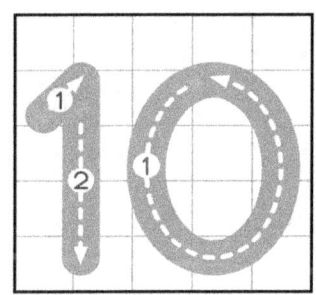
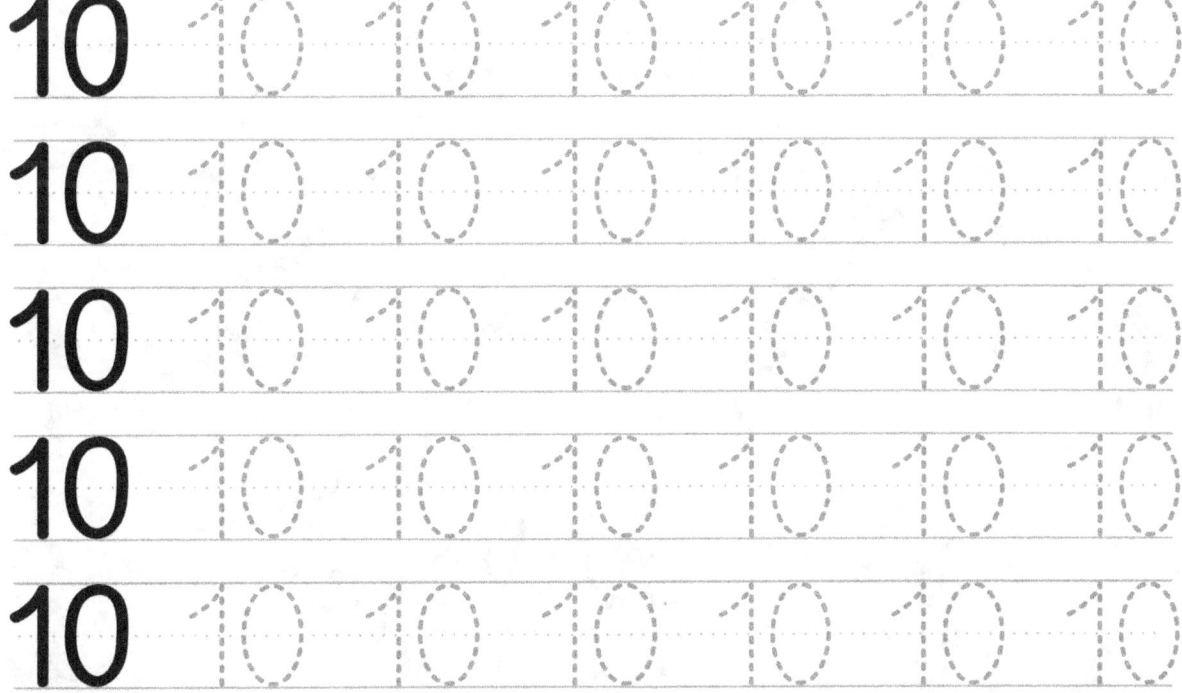

| 10 | 10 | 10 | 10 | 10 | 10 | 10 | 10 |
|----|----|----|----|----|----|----|----|
| 10 | 10 | 10 | 10 | 10 | 10 | 10 | 10 |
| 10 | 10 | 10 | 10 | 10 | 10 | 10 | 10 |
| 10 | 10 | 10 | 10 | 10 | 10 | 10 | 10 |
| 10 | 10 | 10 | 10 | 10 | 10 | 10 | 10 |
| 10 | 10 | 10 | 10 | 10 | 10 | 10 | 10 |
| 10 | 10 | 10 | 10 | 10 | 10 | 10 | 10 |
| 10 | 10 | 10 | 10 | 10 | 10 | 10 | 10 |
| 10 | 10 | 10 | 10 | 10 | 10 | 10 | 10 |
| 10 | 10 | 10 | 10 | 10 | 10 | 10 | 10 |

10　10　10　10　10　10　10
10　10　10　10　10　10　10
10　10　10　10　10　10　10
10　10　10　10　10　10　10
10　10　10　10　10　10　10
10　10　10　10　10　10　10
10　10　10　10　10　10　10
10　10　10　10　10　10　10
10　10　10　10　10　10　10
10　10　10　10　10　10　10

www.ingramcontent.com/pod-product-compliance
Lightning Source LLC
Chambersburg PA
CBHW060437220526
45465CB00008B/3178